天会亮的
你有我呢

一平 著/绘

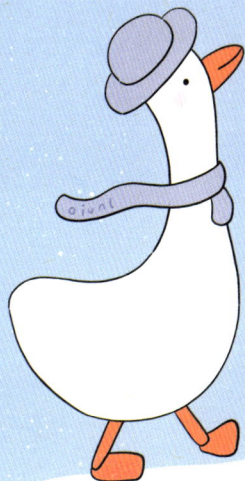

人民邮电出版社

北 京

图书在版编目（CIP）数据

天会亮的，你有我呢 / 一平著、绘. -- 北京：人民邮电出版社, 2025. -- ISBN 978-7-115-66178-4

I. B821-49

中国国家版本馆 CIP 数据核字第 2024T5T287 号

◆ 著 / 绘 一 平
　　责任编辑 李 宁
　　责任印制 陈 犇
◆ 人民邮电出版社出版发行　　北京市丰台区成寿寺路 11 号
　　邮编 100164　　电子邮件 315@ptpress.com.cn
　　网址 https://www.ptpress.com.cn
　　北京九天鸿程印刷有限责任公司印刷
◆ 开本：787×1092　　1/32
　　印张：6　　　　　　　　　　2025 年 4 月第 1 版
　　字数：86 千字　　　　　　　2025 年 6 月北京第 2 次印刷

定价：49.80 元

读者服务热线：(010)81055410　印装质量热线：(010)81055316
反盗版热线：(010)81055315

内 容 提 要

　　本书以清新的漫画搭配暖心的文字，串起了 33 个四季小故事。春篇，借蒲公英逐梦等，教我们珍视日常、勇敢逐梦、认可自身价值；夏篇，由仙人掌寻友、抵御外界负面评价，让我们领悟坚守友情、悦纳自我之道；秋篇，借苹果之语、爬山体悟，令我们学会欣赏自身闪光点、专注当下、感恩他人；冬篇，于囤物互动、许愿祝福里，使我们懂得同频相惜、化解烦恼、珍视情谊。

　　本书适合处于成长迷茫、人际困惑、情绪低谷状态下的年轻人翻阅，汲取慰藉与力量。

序

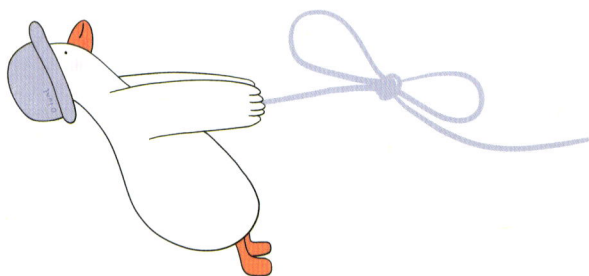

这个宝贝是世界上独一无二的宝贝。

Ta 会 永远 陪着 你。

那么说好了哦！

春
Spring

夏
Summer

18 每一天都值得庆祝

22 告诉你一个小秘密

26 蒲公英的梦想

31 跟谁在一起都很重要

36 你已经很厉害了

42 允许自己做自己,允许别人做别人

47 每个人都有自己的节奏

51 慢慢来,比较快

58 仙人掌的朋友

64 糟糕的从来都不是你

69 我跟自己说没关系

73 把自己看成一朵云

79 分享要趁早

86 我们都有小太阳

90 遇见你真好

97 观点和事实

101 恭喜你,未来皆坦途

秋
Autumn

冬
Winter

106　你也在闪闪发光呀

111　真希望你也喜欢自己

119　苹果有话说

123　像太阳一样

128　往前走，别回头

132　祝老师节日快乐

137　秋天有你才完美

142　月亮有话说

150　同频的人像是礼物

157　许个愿吧

164　先睡一觉再说

169　祝你快乐

174　这样烦恼就消失啦

180　杯中风暴，不值一提

184　今天很开心

188　天会亮的，你有我呢

春 Spring

春天，雨水渐渐多起来。
万物复苏，
蒲公英在飞行，
小蜜蜂在采蜜，
郁金香、风信子 开得真美！
大家都在忙着开心。
······ ······

每一天都值得庆祝

经常庆功，就能成功！

告诉你一个小秘密

蒲公英的梦想

跟谁在一起
很重要

你看，跟着蜜蜂有花朵！

你已经很厉害了

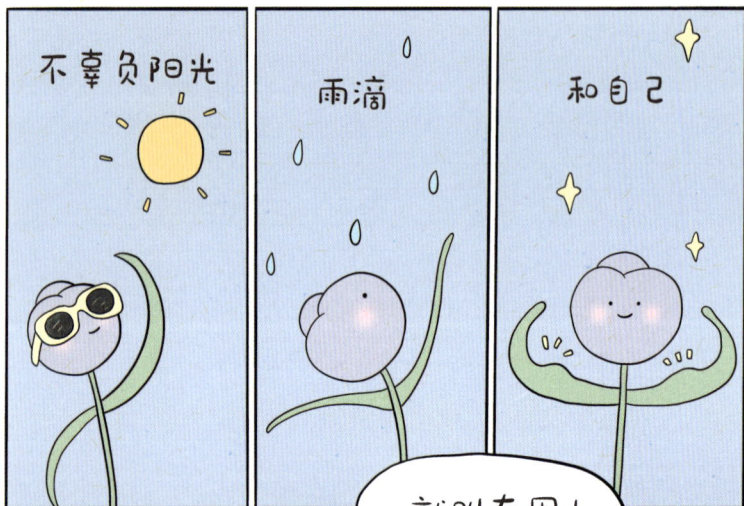

好好活着已经很厉害了。

放轻松，让自己快乐一点嘛。

人生缓缓，自有答案。

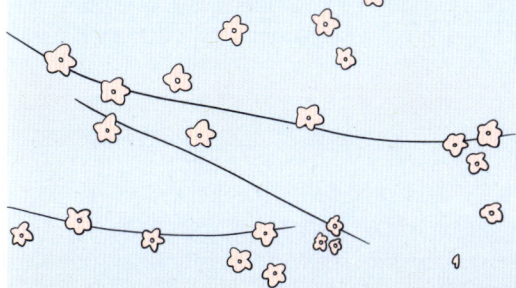

允许自己做自己，
允许别人做别人

我们允许自己做自己，
也允许别人做别人。

每个人都有
自己的节奏

每个人都有自己的节奏，
不必羡慕谁先拥有。

慢慢来，比较快

33

夏 Summer

夏天悄悄来啦，
白天开始变长，
西瓜、桃子都在向你招手，
还有，你抬头看看，
天上的云朵也很好玩。

······ ······

仙人掌的朋友

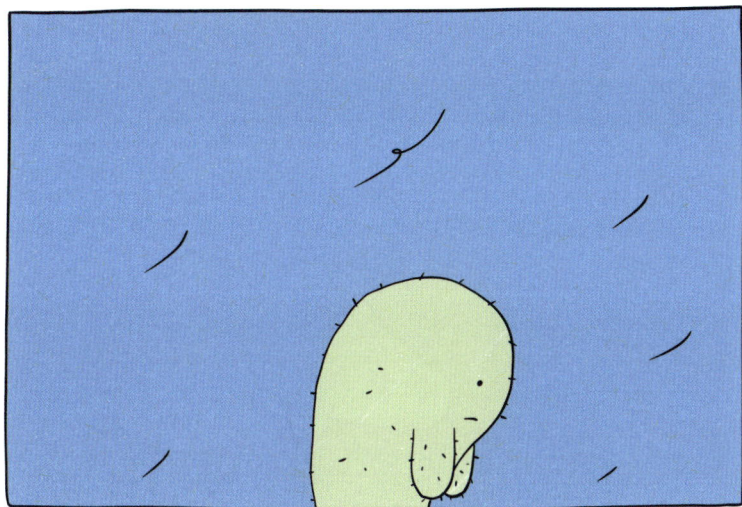

61

63

糟糕的从来都不是你

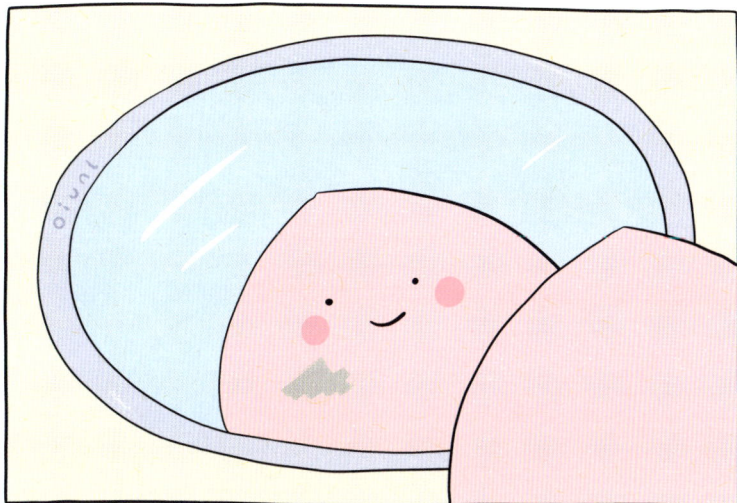

擦……

擦……

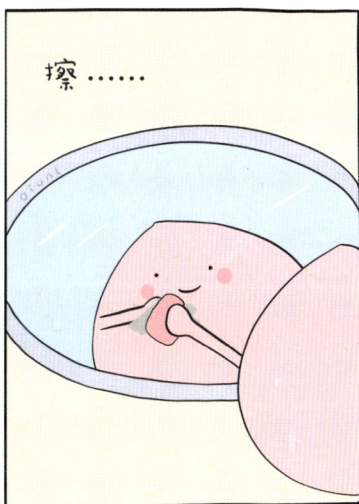

镜子脏的时候，你并不会觉得是自己的脸脏。

那为什么别人说出糟糕的话时，你就要觉得糟糕的是自己呢？

外界的声音只是参考，
你不开心就不用参考。

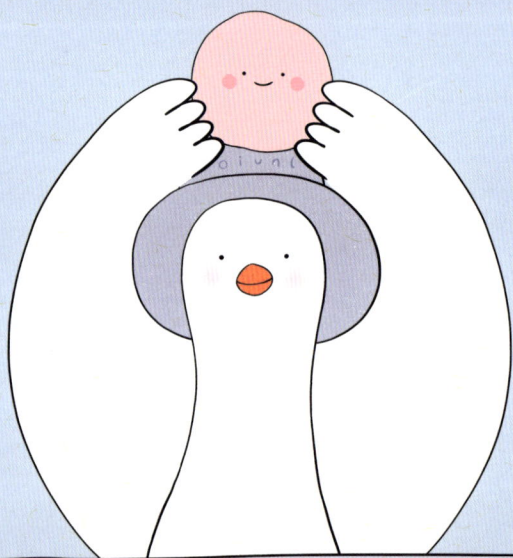

我跟自己说没关系

你见过电灯吗?
我见过一次,比
我们亮太多了。

跟电灯一比,我们这点光微不足道啊!

是很厉害。

但我跟自己说没关系,能照亮自己的路也很棒。

做自己的太阳，发自己的光。

把自己看成
一朵云

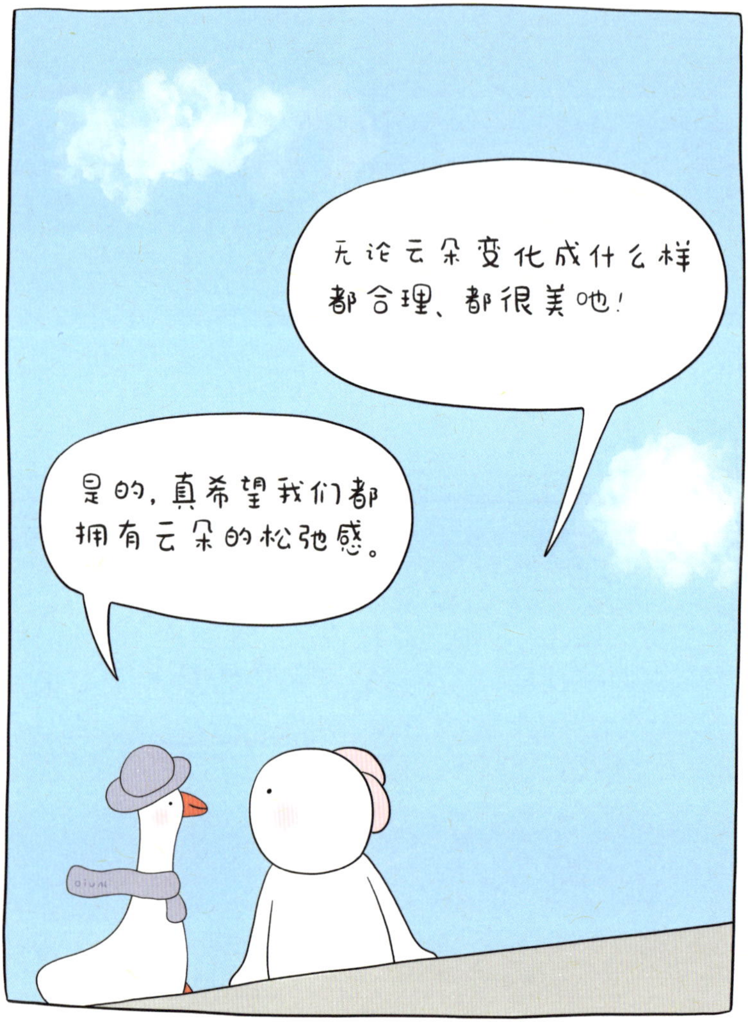
无论云朵变化成什么样都合理、都很美吔！
是的，真希望我们都拥有云朵的松弛感。

拥有怎么变化
都不怕出错的心态。

无论是什么状态
都会自如很多吧!

对!不如我们就把自己
想象成一朵不怕出错的云吧。

把自己当成一朵云，
因为你知道，
云朵永远不会出错。

分享要趁早

有一天早晨，
幸运鹅
遇见了一朵漂亮的紫色的花。

真的太美了，
想把这美好分享给好朋友们。

然后打了个盹，
发了个儿梦
……

看了会儿书

……

淋了个雨
……

才想起去跟好朋友们分享
遇见这朵漂亮的花的
喜悦。

可是

那朵花

ta

不见了

......

所以

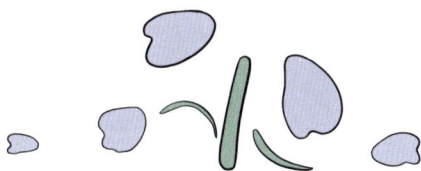

分享一定要趁早呀！

我们都有 小太阳

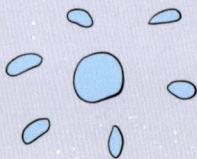

89

遇见你真好

你喜欢的下雪天不再等等了吗？

虽然喜欢，但我并不执着于此。

喜欢不等于执着，
尊重自己，也尊重喜欢的对象。

其实，这个季节没有雪。

我知道。

这大概就是幸运鹅和咻咻兔的友谊吧，

哪怕没有道理，

也会静静地陪着对方坐一会儿。

对事物有喜爱但没有执念，

遇见你真好！

观点和事实

如果我说西瓜没有南瓜好看，对吗？

不对，这只是个人观点，不是事实。

每个人都享有表达观点的自由，我觉得我们都好看。

恭喜你，
未来皆坦途

秋 Autumn

秋天是金黄色的，
是丰收的季节。
苹果、胡萝卜都成熟啦！
月亮越来越圆，
因为它要祝你
甜甜圆圆！

······ ······

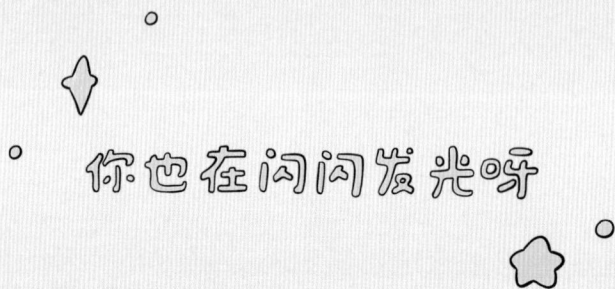

你也在闪闪发光呀

好羡慕，真高呀！

真希望你也喜欢自己

我是什么颜色对于别人重要吗?

我的形状影响到别人了吗?

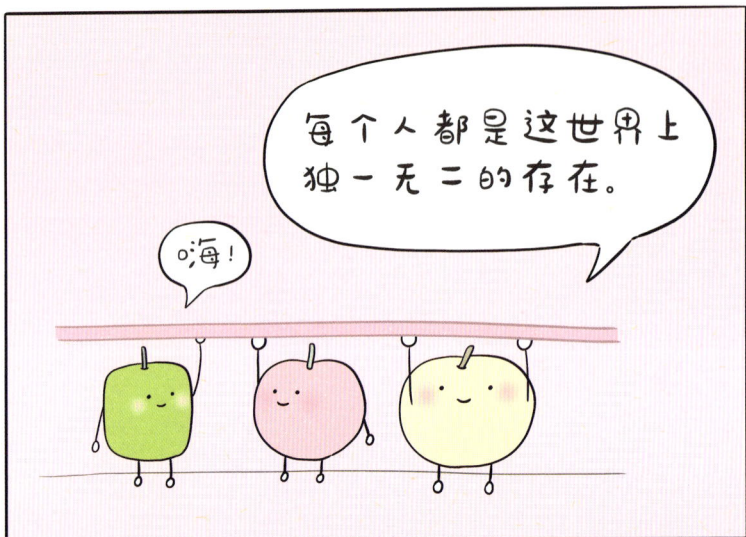

这是你的人生，怎么活，你要自己决定。

苹果有话说

像太阳一样

往前走，别回头

往前看多了，知道
距离山顶太远，
会打退堂鼓。

往后看多了，
会害怕跌落。

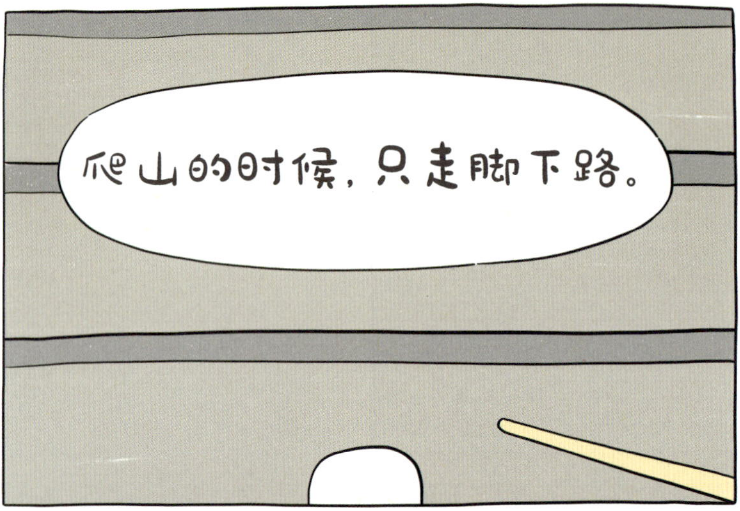
爬山的时候，只走脚下路。

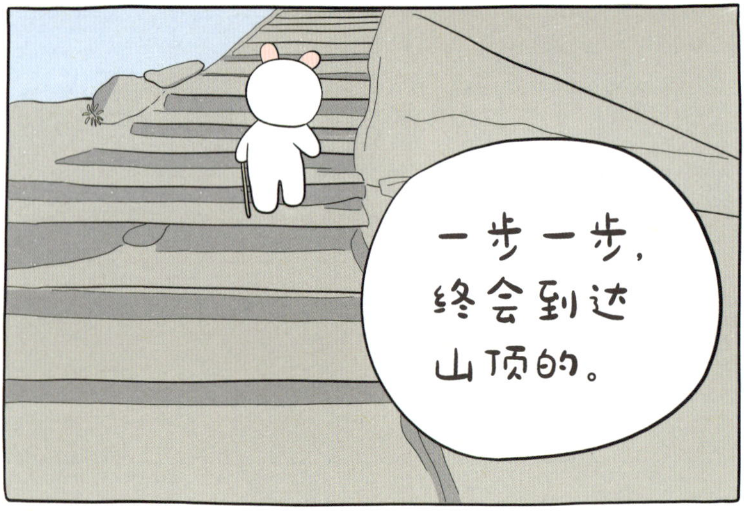
一步一步，
终会到达
山顶的。

所以往前走，别回头。

祝老师节日快乐

老师会像园丁一样，
用智慧和爱浇灌每一粒种子。

老师就像灯塔，
让我们在人生的海洋中不会迷失方向。

老师就像一束光，
照亮我们前行的路。

老师是
我们人生中
很重要的人。。

祝所有老师
节日快乐！

秋天有你才完美

逗你玩啦！
我才不忍心怪你。

真香啊！
有你的秋天
才完美。

桂花的开放时间和环境的温度、湿度都有关系，以后我们都要好好保护环境哦！

好！

月亮有话说

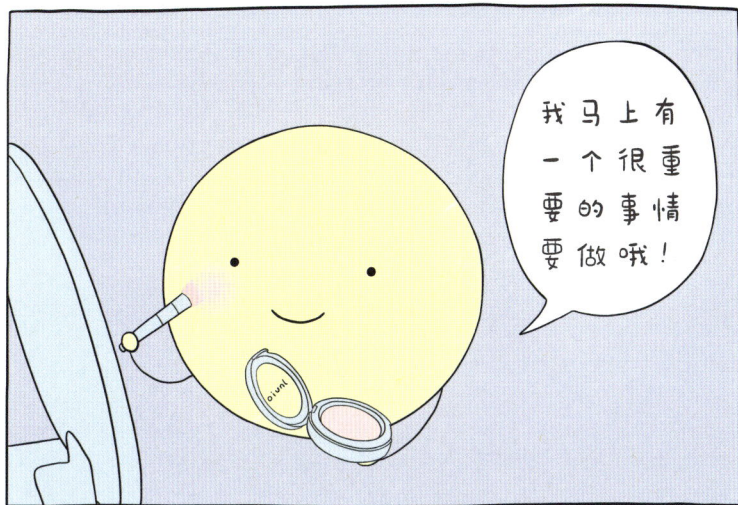

不忙的时候，
记得抬头看看月亮。

有一件事情是不变的，
无论在哪儿，我们看到的
都是同一个月亮！

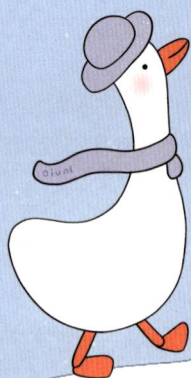

冬 Winter

冬天终于来了，
可以堆雪人啦！
这也是小蛋糕的愿望哦！
冬天的星星最亮了，
它们一闪一闪的，
在说祝你快乐。

······ ······

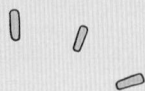

同频的人像是礼物

同频的人像是礼物！

有说不
完的话。

在不说话时
也不会尴尬。

懂你的言外之意，
尊重你的与众不同。

何其有幸！我们相遇。

许个愿吧

我们来玩游戏吧，一人说一个心愿。

好吧，好吧！

我希望天天开心！

我希望每天睡饱饱。

我希望世界和平！

先睡一觉再说

阿咘，不去睡觉是因为想多做一些工作吗？
对呢！
可是熬夜了，第二天就没有精神工作，晚上又想着多做点工作！
如此循环，就只有熬不完的夜了呢！

先睡一觉再说。

祝你快乐

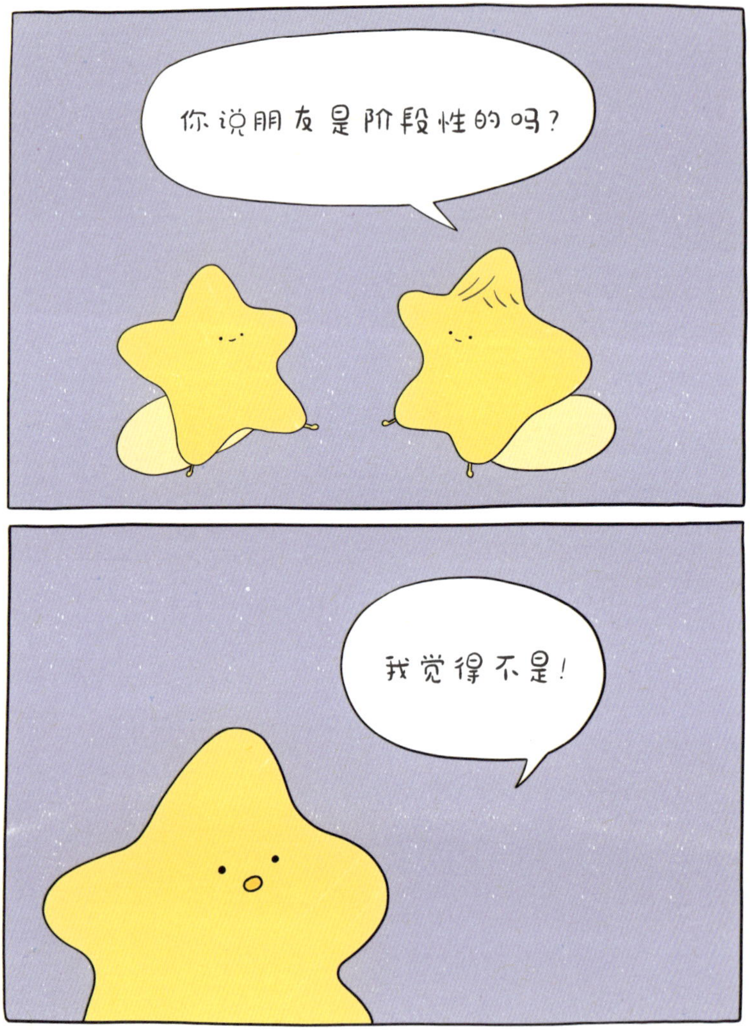
你说朋友是阶段性的吗？
我觉得不是！

陪伴是阶段性的，朋友是永远的。祝你快乐，我的朋友！

这样烦恼就消失啦

做了10遍还是做不出我心中完美的小蛋糕，哼！我生气了！

来，带你去个地方换换心情！

站远一点，
再高一点，
烦恼通通消失啦！

杯中风暴，
不值一提

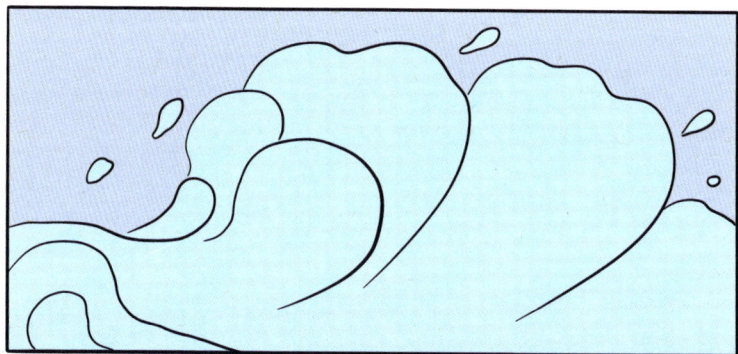

风浪大……

今天很开心

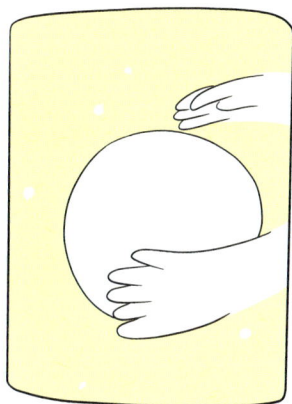

做喜欢的事，
让自己透透气，
反而会腾出一些时间
来经历更多美好哦！

天会亮的，
你有我呢